ユーズ
use

リサイクル
Recycle

ペクト
pect

リペア
Repair

➡P34

シリーズ
「ゴミと人類」
過去・現在・未来 ③

「5R+1R」とは？
ゴミ焼却炉から宇宙ゴミまで

著／稲葉茂勝

写真で考えよう

Trash People（ゴミ人間）

ドイツ人アーティストのHA Schult氏が1996年から、空き缶からパソコンまであらゆるゴミを材料にして制作した"Trash People（ゴミ人間）"。人類の出したゴミが"Trash People（ゴミ人間）"を生みだしていることをうったえるために、HA Schult氏は、大自然、大都市、ときには有名な文化遺産のなかなど、世界各地でゴミ人間を並べています。

復元されたローマ時代の円形劇場に、500体以上のゴミ人間が並ぶ。

写真：Thomas Hoepker

ドイツの主要都市の1つケルンで並べられたゴミ人間。

写真：H-D Pisters

ドイツの都市・ミュンヘンにある公園に並べられたゴミ人間。
写真：Gianluca Battista

イスラエルの都市・テルアビブに並べられたゴミ人間。
写真：Gianluca Battista

ゴミ人間を見学するドイツの子どもたち。
写真：Thomas Mayer

はじめに

　最近、フリーマーケットがさかんにおこなわれています。
　お気に入りの服でも、からだが成長すれば着られなくなってしまいます。すててしまうより、だれかに着てもらいたい！ある人にとって不要となったものでも、別の人にとって役立つことはよくあります。
　日本には、古くから**「もったいない」**ということばがあって、ものをたいせつにする精神が根づいてきたといわれています。
　しかし、高度経済成長を経験した日本は、そのことばも精神もわすれてしまったかのように、いつしかものをどんどんつかいすてるようになってしまいました。

　日本が1年間に焼却するゴミの量は約3480万トンで世界1位、2位がドイツの約1671万トン、3位がフランスの約1210万トンと続きます（OECD、2013年）。また、ゴミの焼却炉の数は、1位が日本の1243、2位がアメリカの351、3位がフランスの188と、日本がとびぬけて多くなっています（OECD、2008年）。
　この理由の1つとして、食料品のプラスチックトレイや包装紙の使用の多さがあげられます。衛生上の理由と便利さにより、1990年代ごろからプラスチックトレイなどの使用が急速に広がりました。同時に、焼却炉をどんどん増やしてきました。
　ゴミを焼却すれば、空気をよごします。温室効果ガスがどんどん出ていきます。地球環境を破壊していきます。ゴミを出さないようにすることは、現在、国際社会のなかで日本が急いでやらなければならない重大な課題となっています。
　日本人の一人ひとりが、どうすればゴミを減らせるのかを考え、実行しなければならないのです。

　ところが、日本は外国にゴミを輸出しています。これは、中古自動車などのように、日本では不要とされたものでも外国で必要とされているからということもあります。しかし、そういうことだけでは決してありません。日本で処分にこまってしまったものを外国におしつけて、処分してもらっているともいえます。お金を支払って。
　こういう話もあります。
　温室効果ガスは排出してもよい量が国際的に取り決められています。ところが、日本の排出量はその範囲をこえてしまっています。一方、決められた範囲にまだ余裕がある国もあります。そこで日本は、日本がこえた分を、お金を払ってその国が排出したかたちにしてもらっているのです。これは、日本国内で処理できないゴミを外国で処理してもらっているのと同じことなのです。

そんな日本であるにもかかわらず、こんなできごとがありました。
　2004年、アフリカ・ケニアの環境保護活動家ワンガリ・マータイさんが「持続可能な発展・民主主義・平和へ多大な貢献をした」という理由で、ノーベル平和賞を受賞しました。そのマータイさんは、2005年3月に国連でおこなった演説で、日本語の「もったいない」ということばを紹介し、会議の参加者全員に「もったいない」をとなえるようもとめたのです。会場に「もったいない」がひびきわたった瞬間でした。そしてその後、世界じゅうにこの「もったいない（MOTTAINAI）」が知られるようになりました。

　日本には、世界に向かってほこれることがあります。ただゴミを外国におしつけて、すずしい顔をしているわけではありません。ゴミ処理に関する技術開発に真剣に取り組んできました。温室効果ガスの排出量を極力少なくした焼却炉もつくってきました。いまや日本のゴミ処理技術は、世界でも最高水準に達しているのです。
　冒頭に書いたように、一般の人たちも「もったいない」ということばを思い出してきました。ゴミ問題を毎日の生活のなかで真剣に考える人が増えてきました。ゴミの出ない買い方・つかい方をするように、むだなものを買わずに本当に必要なものを買うように心がける人や、紙袋や本のカバーなど必要以上の包装をことわり、買いもの袋を持っていく人も増えてきました。つかいすてのものや食料品トレイをさける人も……。それでもまだまだ不十分です。

　世界と日本のゴミ問題は、まったく解決していません。こうしたなか、日本人のひとりとして、もっともっとやらなければならないことがあります。地球にくらす人類としても。
　この、シリーズ「ゴミと人類」過去・現在・未来は、人類という大きな視点からゴミ問題を考え、これからもやっていかなければならないことを、いま一度確認してみようというものです。つぎの3巻で構成しました。

写真：
正暦寺

1　「ゴミ」ってなんだろう？　人類とゴミの歴史
2　日本のゴミと世界のゴミ　現代のゴミ戦争
3　「5R＋1R」とは？　ゴミ焼却炉から宇宙ゴミまで

　さあ、このシリーズをよく読んで、ゴミを少しでもなくしていこうという気持ちを、もっともっと高めていきましょう。

こどもくらぶ　稲葉茂勝

もくじ

写真で考えよう Trash People(ゴミ人間) ……… 2
はじめに ……… 4

PART1 宇宙ゴミと核のゴミ

①3・11の津波で流されたがれきの行方 ……… 8
②福島第一原子力発電所と核のゴミ ……… 10
● もっとくわしく！　世界の原発事故 ……… 12
③ゴミが人類とともに宇宙へ ……… 14
④核のゴミを宇宙へ?! ……… 16
● もっとくわしく！　「Think Globally, Act Locally」 ……… 18

PART2 日本が世界にほこるゴミ処理文化とは?

①日本の「3R」 ……… 20
● もっとくわしく！　江戸は「循環型社会」 ……… 22
②日本にとっての5つめの「R」 ……… 26
③世界にほこれる日本のゴミ焼却技術 ……… 28
④日本人が真に世界にほこれること ……… 30
● もっとくわしく！　「もったいない」ということば ……… 32
⑤「心のR」とは ……… 34
⑥リサイクルショップ・フリーマーケットと物々交換 ……… 36
⑦きみたちにできること ……… 38
● もっとくわしく！　世界のエコラベル ……… 40

資料編
- 阪神・淡路大震災と東日本大震災で発生した災害廃棄物
- 使用ずみ核燃料の貯蔵状況 ……… 41
- 地球の周回軌道上の人工物体数推移　■国連の推計人口 ……… 42
- 紙とボール紙のリサイクル率の高い国ベスト15
- 日本の自治体別リデュースの取り組みベスト3 ……… 43

用語解説 ……… 44
さくいん ……… 46

この本のつかい方

この見開きのテーマ。

この見開きがなにについて述べているかをかんたんに説明しています。

青字のことばは用語解説（44〜45ページ）で解説しています。

写真や図。内容を補足し、イメージをつかみやすくするのに役立ちます。

本文の内容についてのよりくわしい情報を精選して掲載しているページです。

本文に関連する一歩ふみこんだ情報を紹介しています。

資料編

PART1、PART2の内容をより深く理解するのに役立つ資料を紹介しています。

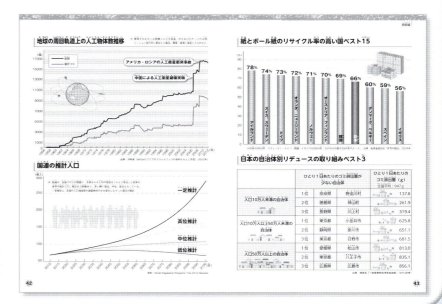

PART 1　宇宙ゴミと核のゴミ

① 3・11の津波で流されたがれきの行方

2011年3月11日、**東日本大震災**が発生。そのあとには**膨大な量のがれき（ゴミ）**が山積みとなりました。巨大津波にのみこまれたがれきは、太平洋を漂流し、アメリカにも到達しました。

がれきの量

日本政府の発表によると、東日本大震災によって海に流出したがれき（ゴミ）の量は、約500万トン。このうち、約350万トンは津波発生直後に一気に海底にしずんだとされ、のこる約150万トンが太平洋へとおし流されたと考えられています。

津波によって大きな被害をうけた宮城県沿岸部。津波により、大量のがれきが発生した（2011年3月15日撮影）。

もっと知りたい！　アメリカに漂着

東日本大震災の大津波で流出したがれき（ゴミ）のうち、発泡スチロールなど海面にうくものは風で流されやすく、はやくも2012年はじめごろには、アメリカのオレゴン州やワシントン州、アラスカ州、カナダのブリティッシュ・コロンビア州の沿岸に漂着しはじめた。2012年6月ごろからは、船や浮桟橋などの大きなゴミも太平洋をはるばるこえて流れつくようになった（漂着ゴミ→2巻）。

東日本大震災の津波などで発生したがれきの仮置き場となった福島県内の学校の校庭。となりのプールにまでがれきが流れこんでいる（2011年7月21日撮影）。

災害とがれき

「がれき」は、漢字で書くと「瓦礫」で、「瓦」と「礫（小石）」のことです。とくに建物のくずれた残がいをさしています。大きな災害のあとには膨大な量のがれきがのこり、それが深刻なゴミ問題となってしまうことがあります。

災害によって発生したがれき（ゴミ）は、「災害廃棄物」とよばれます。ところが、日本の「廃棄物処理法」という法律では、特別に「災害廃棄物」という区分や定義がありません。そのため、たとえ災害が原因で発生したゴミでも、市町村の責任で処理することになります。

しかし、余震が何度もくりかえし発生する大地震はもちろん、台風や竜巻、洪水などにより発生した膨大な量のがれきは、現場の市町村で処理することは、到底できません。

もっと知りたい！ 災害廃棄物の処理計画ガイドライン

環境省は、東日本大震災などの大地震や近年全国各地で発生した台風、竜巻、洪水などへの対応から得られたさまざまな経験をふまえ、市町村などが災害廃棄物の処理計画を立てる際に指針となるガイドラインをつくった。また「災害等廃棄物処理事業費補助金及び廃棄物処理施設災害復旧費補助金」という制度をつくり、市町村のがれき（ゴミ）処理を支援するようにした。

2 福島第一原子力発電所と核のゴミ

2011年3月11日に巨大津波に襲われた福島第一原子力発電所(福島第一原発)で、翌日の12日に水素爆発が発生。日本ばかりでなく世界じゅうの人びとが不安におちいりました。放射性物質に汚染された**膨大な量の核のゴミ**の行方は……？

福島第一原発の悲惨な事故

2011年3月11日、震度6強のゆれにおそわれた福島第一原発は、運転中の1・2・3号機の原子炉が自動停止しました。

原発事故の際には3つの原則があります。「止める」「冷やす」「閉じこめる」。核燃料の核分裂反応を止め、その後も熱を発する核燃料を冷やしつづけ、放射性物質を外に出さないように閉じこめるということです。

福島第一原発では、地震発生直後に自動で核燃料(燃料棒)のあいだに制御棒がさしこまれ、核分裂反応を止めるところまではうまくいきました。しかし、停電となり、非常用発電機も津波で破壊されたため、原子炉内で水を循環させて核燃料を冷やすことができなくなりました。原子炉内の水は核燃料の熱でふっとうして減りはじめ、核燃料がむきだしになって、炉心溶融(メルトダウン→P12)が起こりました。

日本には原発は安全だという「原子力安全神話」がありましたが、それは、一気に崩壊してしまいました。

福島第一原発事故のあと、除染などで出た放射性物質をふくむ廃棄物の仮置き場(福島県楢葉町、2016年3月4日撮影)。

原発廃炉までの長い道のりと核のゴミ

　事故からおよそ9か月後の12月16日、野田佳彦首相（当時）は、福島第一原発の原子炉の温度が一定期間100度未満になったとして「事故収束」を宣言。21日には、政府と東京電力が、福島第一原発の原子炉を廃棄する（廃炉）までの期間を最長で40年とする計画をまとめました。それは、事故を起こした原発を解体して廃棄するというもの。しかし、そのようなやり方で原発を廃棄するというのは、世界ではじめての試みでした。

　日本国内はもちろん世界じゅうから疑問が出されました。とくに放射性物質に汚染された膨大な量の核のゴミをどうするかについて、疑問の声が世界じゅうで高まりました。

　日本政府は、核のゴミは除染（放射性物質を取りのぞく作業）をしてから、地下にうめると発表。ところが、どこにうめるかの目処はまったく立っていませんでした。環境省が2011年11月におこなった調査では、全国54の市町村が受け入れるかどうか検討するとしたものの、その住民からは強い反対の声があがりました。

　また、原子力発電所では、事故が起こらなくても、「使用ずみ核燃料」という「核のゴミ」をどうするかというむずかしい問題があります。使用ずみ核燃料はいまのところ各原子力発電所に保管されていますが、保管場所は数年〜十数年で満杯になると予測されています。

世界の原発事故

もっとくわしく！

人類はこれまでにいくつかの原発事故を引きおこし、放射性物質により広範囲にわたって、あらゆるものが汚染されました。

○アメリカ・スリーマイル島原発事故

1979年3月28日、アメリカのペンシルベニア州のスリーマイル島原子力発電所（スリーマイル島原発）で大事故が起こりました。

この事故では、装置の故障からはじまったトラブルに運転員の判断ミスが重なって、炉心に冷却水が送られなくなりました。燃料棒がとけだし、高熱で容器のかべがとけて（メルトダウン）、放射性物質がもれだしたのです。

すぐに事故だとわかり、大惨事になる寸前で危機はおさまりましたが、放射性物質に汚染された核のゴミの処理には、その後14年間、10億ドルの費用がかかったといわれています。

事故から20年後のスリーマイル島原発（1999年撮影）。島の周囲が3マイル（約4.8km）であることから、スリーマイル島とよばれる。

写真：AP／アフロ

◯ロシア・チェルノブイリ原発事故

1986年4月26日、当時のソ連のチェルノブイリ原子力発電所（チェルノブイリ原発）で大事故が発生。原発のあった地域は現在のウクライナにありますが、事故による汚染はさらにベラルーシやロシアにも広がりました。

事故は、チェルノブイリ原発の4基の原子炉のうち、4号炉で起こりました。停電時に代替電力を確保できるかどうかを確認しているときに起きた事故でした。

このとき、緊急時に冷却水を送りこむシステムを切断したことにくわえ、作業員の操作ミスと設計上の欠陥が重なり、冷却水が過熱。そのために、水が水蒸気になって一気に爆発しました（水蒸気爆発）。爆発によって、炉心にあった放射性物質が空高く飛散し、チェルノブイリ周辺だけでなく、風に乗ってスウェーデン上空にまで到達したのです。

このときの最初の爆発だけで、広島に投下された原爆の10倍もの放射性物質が飛びちったとされています。放射性物質をふくんだ雲は北半球をまわって、日本の上空にも達しました。日本で大量の放射性物質が確認されたのは、1945年8月6日・9日に広島・長崎に原爆が投下されて以来のことでした。

写真：AP/アフロ

事故から数日後のチェルノブイリ原発（1986年4月撮影）。

事故から30年後のチェルノブイリ原発。（2016年3月撮影）。

黒い雨

核兵器、原子炉事故などによる核爆発で生じた放射性物質や、爆発で燃えた家や樹木などのすすが、強い上昇気流に乗って高空に達し、雨雲にとけこんでふってきた雨を「黒い雨」という。原爆が広島に投下されたときには、投下20分後くらいから黒い雨がふりだしたといわれている。

3 ゴミが人類とともに宇宙へ

人類は自然界から**天然資源**を採取し、それを用いて道具や製品など、あらゆるものを製造・生産し、それらを消費し、**つかい終われば、ゴミ**にしてきました。また、**災害によるがれき**のように、しかたなく出てしまったゴミもあります。

■ 地球上のゴミから宇宙のゴミへ

人類がはじめて人工物体を宇宙空間に投入して以来、50年以上がたちます。人類はロケットを何千回も打ちあげ、1961年には人間まで宇宙空間へ運ぶことに成功しました。このあいだに人類が宇宙空間へ運んだものの量は、数千トンにもなるといわれています。

現在、地球の周回軌道上では、位置が正確にわかっているものだけでも約1万6000個のスペースデブリがただよっている。下はスペースデブリのイメージ。

もっと知りたい！ 「スペースデブリ」

「スペースデブリ」とは、地球の周回軌道上の宇宙空間にただよう人工物体のこと。「宇宙ゴミ」ともいわれる。つかわれなくなった人工衛星やロケットの破片など、大小さまざまなものが地球のまわりをただよっている。「宇宙ゴミ」といわれるが、人類が宇宙で発生させてしまったゴミ、すなわち「人類のゴミ」である。

● 地球の周回軌道上のスペースデブリ

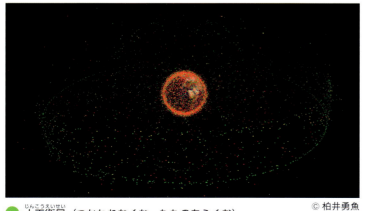

© 柏井勇魚

- 🟢 人工衛星（つかわれなくなったものをふくむ）
- 🟡 ロケットの上段
- 🔴 それ以外の破片など

PART 1　宇宙ゴミと核のゴミ

低減ガイドライン

　国連は1959年、常設委員会として宇宙空間平和利用委員会（COPUOS）を設置。ソ連とアメリカの宇宙開発競争が本格化した1960年代には、はやくも宇宙空間における「憲法」ともいえる「宇宙条約」（1967年に発効）を制定し、さまざまな国際協定をつくってきました。しかし、宇宙ゴミについては、この条約が発効してから40年がたった2007年になってようやく、発生抑制を目的とした「スペースデブリ低減ガイドライン」が採択されました。

　人類は、いつの時代でもゴミ問題になやまされつづけてきました。それにもかかわらず、宇宙空間のゴミについては、長いあいだ考えてきませんでした。それは、宇宙があまりにも巨大な空間だからかもしれません。

　しかし、無限の空間でありながらも、ゴミ問題が深刻になりつつあるのです。これは、かつて人類が広大な海にゴミをすてていたことと同じです（→2巻）。太平洋の真ん中にゴミためができているようなことが、宇宙空間に起こらないようにしなければなりません。

4 核のゴミを宇宙へ？！

地球上には**核のゴミ（放射性廃棄物）**をすてるところがなく、処分にこまっています。そこで、それらを宇宙にすてるという構想が生まれました。そんなことができるのでしょうか。そもそもそんなことをしてよいのでしょうか。

■現在の処分方法

日本では現在、福島第一原発事故で汚染されたがれき（ゴミ）はもちろん、原発などから出た核のゴミは、地下300m以下に隔離することが法律で定められています。しかし、うめる場所が見つからないでいるのが現状です。放射性廃棄物が地下にうまっているところに住みたい人はいません。どの自治体からも受け入れを拒否されています。

アメリカと日本が共同でモンゴルの砂漠にうめるという構想があるといわれています。深い海の底にうめることを検討している国もあるともきかれます。

■核のゴミが半永久的にのこる！

現在でも「チェルノブイリ（→P13）は終わっていない」といわれることがあります。事故後、原子炉を巨大なコンクリートの箱（「石棺」とよばれる）でおおい、放射性物質を閉じこめる作業がおこなわれましたが、30年近くたったいまでも、原子炉内部では放射線が出つづけています。しかも、当時の石棺は劣化してしまい、さらに大きなシェルターでおおう計画がすすめられています。今後、このような作業が半永久的に続くことになります。チェルノブイリは終わっていない、否、終わりがないのです。

チェルノブイリ原発近くで建設中の幅257m、高さ109m、長さ162mもあるかまぼこ型シェルター（2015年12月撮影）。これを移動させて、石棺を上からまるごとおおう計画だ。

■地球外投棄（宇宙投棄）

そもそも核のゴミを地下にうめてもよいのかという疑問が出されています。地球環境に悪影響がおよばないようにするには、地球の地下にうめる以外の方法を確立する必要があるともいわれています。

そこで考えられたのが、ロケットで宇宙に運んですてる「地球外投棄（宇宙投棄）」でした。しかし、地球上から出される膨大な量の核のゴミをロケットで打ちあげることなど、技術的にも経済的にも不可能だと判断されました。また、ロケットの打ちあげが失敗したときの危険性も指摘され、計画は中止されました。

PART 1　宇宙ゴミと核のゴミ

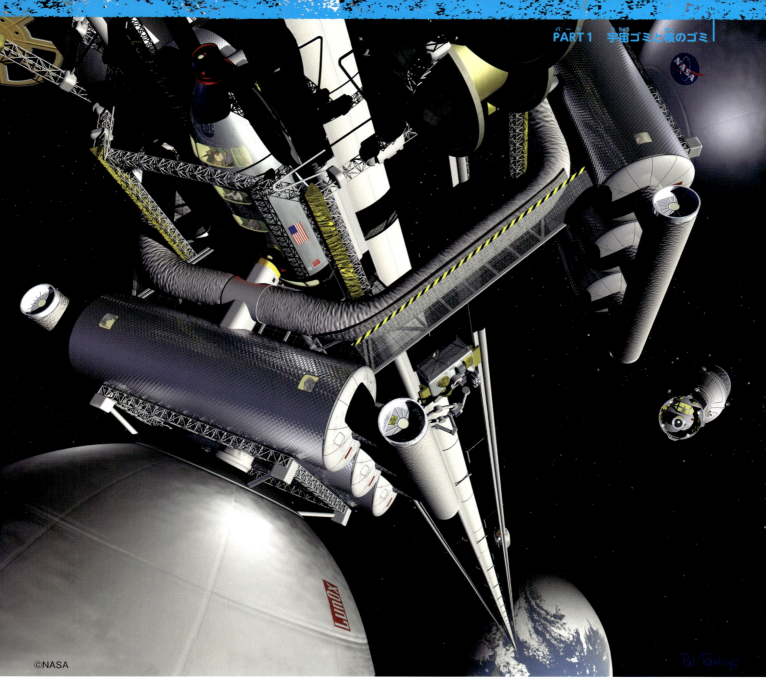

NASAによる「宇宙エレベーター」の想像図。

「宇宙エレベーター」と核のゴミ

　「宇宙エレベーター」とは、静止衛星（地球のまわりを地球の自転と同じ速度でまわるので、地球からは静止しているように見える衛星）から地球上に向けてテザー（ワイヤーやリボン状のひも）をたらす方法でつくるエレベーターのこと。静止衛星と地上とをテザーでむすび、それをレールがわりにしてクライマー（昇降機）を行き来させる構想です。

　この方法なら、宇宙投棄ができるのではないかと、アメリカ航空宇宙局（NASA）などがふたたび宇宙に核のゴミをすてる計画を再開したのです。

　宇宙エレベーターは、ロケットを使用するのとくらべ、費用の面で格段に安くすみます。安全面では、もし事故が起こった場合も、放射性物質をエレベーター内部にとどめておける、などといわれています。

　核のゴミの処分には、「宇宙処分法」を確立する以外にはあり得ないという意見まで出されています。

もっとくわしく！ 「Think Globally, Act Locally」
シンク グローバリー アクト ローカリー

この英語は「地球的な視野に立って考え、身近なところから行動しよう」という意味です。地球に住むすべての人が地球のことを考え、自分たちのできることをしようということです。

○ゴミ満載の宇宙船地球号

「宇宙船地球号」とは、『大辞林』という辞書によると、「地球を、物質的に出入りのない一隻の宇宙船にたとえていう語。有限な資源の中での人類の共存や適切な資源管理を訴えて、アメリカの経済学者ボールディングらが用いた」のです。

人類が農耕・牧畜をはじめたころには、食料や、病気、自然環境など、さまざまな理由により、人口はそれほど多くなく、人類は地球と調和をたもちながらくらしていました。その後、地球上では人口がどんどん増えつづけ、近年は急速に増加し、このままいくと2100年ごろには、現在の2倍以上になるという予測も出されています（→P42）。

人類は、豊かさや快適さをもとめて、科学・技術・産業を発展させ、医学も大きく進歩させてきました。その一方で、人類は、大量生産・大量消費・大量廃棄をしてきました。結果、人類の出すゴミの量は、地球上で処理できないほどになってしまいました。このままでは、巻頭の写真で"Trash People（ゴミ人間）"が世界のいろいろな場所をうめつくしているように、「宇宙船地球号」はゴミにうもれてしまい、乗組員は生きていけなくなるかもしれません。

通勤ラッシュ時に人であふれかえる中国の首都・北京の地下鉄の駅。中国の人口は約13億6782万人（2014年末）で、世界一多い。

◯宇宙船地球号の乗組員

「Think Globally, Act Locally」ということばが、環境問題を解決するためのキーワードとして世界じゅうで提唱されるようになりました。

2016年の「宇宙船地球号」の乗組員は、約73億人！ そのすべてに任務があります。それは、これまで人類が地球にかけてきた負担を減らしていくこと。とくに日本をはじめ、先進国、新興国にくらす乗組員は、自分たちの生活を見なおし、資源の消費を減らし、ゴミの量を少なくしなければなりません。そうしなければ、「宇宙船地球号」は存続できません。

現代にくらす人びとは、地球のためにおこなわなければならない任務があります。まず、自分のできることを考えること。そして、ひとりでも多くの人に地球のためにできることをしてもらうようにうったえていくこと。そしてもちろん、できることからすぐにはじめることです。

近年こうした考えから、世界じゅうで「R」が意識されてきています。これについては、PART2でしっかり見ていきます。

PART 2 日本が世界にほこるゴミ処理文化とは？

1 日本の「3R」

「3R」のキャンペーンマーク。オレンジが人間、緑が大地、青が空を表現している。

日本の環境省は現在、「リデュース（Reduce）」「リユース（Reuse）」「リサイクル（Recycle）」のそれぞれの英語の頭文字から、**3つのRの総称「3R」**で、ゴミを減らすためのキャンペーンをおこなっています。

3Rイニシアティブ

環境省は、2000年に成立した「循環型社会形成推進基本法」にもとづいた「3R推進キャンペーン」を提唱。それ以来「3R」を広く国民や企業に浸透させようとしてきました。

「循環型社会」とは、「大量採取・生産・消費・破棄の社会に代わり、製品の再生利用や再資源化などを進めて新たな資源投入を抑え、廃棄物ゼロを目指す社会」（『大辞林』）のこと。

2004年6月には、当時の小泉純一郎首相が主要国首脳会議（G8サミット）で、世界に向けて「3R」をつうじて循環型社会を目指すという「3Rイニシアティブ*」を提案しました。すると、翌年の2005年4月には、アメリカやヨーロッパなど先進20か国が参加し、国際的に「3R」に取り組んでいくようになりました。「3Rイニシアティブ」の具体的な内容は、右のとおりです。

＊自ら率先して発言したり行動したりして、他を導くこと。

いちばんたいせつな「R」

じつは、「リサイクル（Recycle）」をおこなうのにも大量のエネルギーが必要です。たとえば、古紙から再生紙をつくるには、大きなエネルギーが必要。そのため、リサイクルはかならずしも環境にいいとはかぎらないのです。

もっとも重要なのは、ゴミを出さないこと。そして、ものをたいせつにして、何度もつかうこと。この意味から、「3R」のなかでも、そもそもゴミを出さない「リデュース（Reduce）」と、つかえるものはくりかえしつかう「リユース（Reuse）」が重要だといわれています。

リデュース（Reduce）
必要ないものはつかわない・買わない。つかいすてのものをさける。

リユース（Reuse）
つかえるものは、再使用する。つめかえ用の製品を選ぶ。いらなくなったものをゆずりあう。

リサイクル（Recycle）
ゴミを資源としてふたたび利用する。ゴミを正しく分別する。ゴミを再生してつくられた製品を利用する。

3R

循環型社会形成推進基本法

「循環型社会形成推進基本法」は、日本が目指す「循環型社会」のすがたを、法律上明確にしたものです。

この法律は「循環型社会」を、「廃棄物等の発生を抑制し、循環資源の循環的な利用及び適正な処分が確保されることによって、天然資源の消費を抑制し、環境への負荷ができる限り低減される社会」と規定しました。また、「3R」のほかに、「熱回収」「適正処分」についても規定しました。

「熱回収」とは、廃棄物を単に焼却処理するのではなく、焼却の際に発生する熱エネルギーを回収して利用することをいいます。すなわち、焼却炉の熱をつかって、ほかのなにかに利用しようということです。

また、「適正処分」とは、ゴミ処分を正しい方法でおこなうことです。さらに、この法律により、国や都道府県、市区町村の責任の範囲が明確にされ、国民（企業や個人）にも「排出者責任」があることが示されました（→2巻）。

まだまだある「R」

日本では、2000年以来、環境省が提唱する「3R」のほかにも、各方面でさまざまな「R」が提唱され、「4R」「5R」「6R」「7R」と、どんどん増えてきました。なかでも、よくいわれるものが、ここに示すRです。

リペア (Repair)
修理する。
こわれても直せるものは修理してつかう。

リフューズ (Refuse)
拒否する。
ゴミになるものを受けとらずことわる。

リシンク (Rethink)
そもそもむだなものを買わないようにしっかり考える。

レンタル (Rental)
借りる。
個人として所有せずに借りてすます。

リフォーム (Reform)
つくりなおす。
着なくなった服などをつくりなおしてまた着る。

リターン (Return)
かえす。
携帯電話など使用後は購入先にかえす。

江戸は「循環型社会」

江戸時代の江戸のまちは世界的に見て、イギリスのロンドンやフランスのパリにもまさる、世界最大の人口をほこる大都市でした。当時のロンドンの人口が80万人強、パリは約70万人だったのに対し、江戸は、100〜125万人だったと推定されています。

江戸のリサイクル

日本では江戸時代にすでに、魚のはらわたや動物の糞、人の小便（尿）・大便（人糞）までを農作物の肥料（下肥）に利用したり、紙や古着などを再利用したりするなど、世界でもっともすすんだ「循環型社会」だったといわれています。

もっと知りたい！　浮芥定浚組合

浮芥定浚組合とは、江戸時代に幕府の許可を得てゴミ処理をおこなった専門業者。江戸のまちから出たゴミを、幕府に正式に許可された船でゴミ処理場まで運んだ。

●江戸時代における下肥の利用

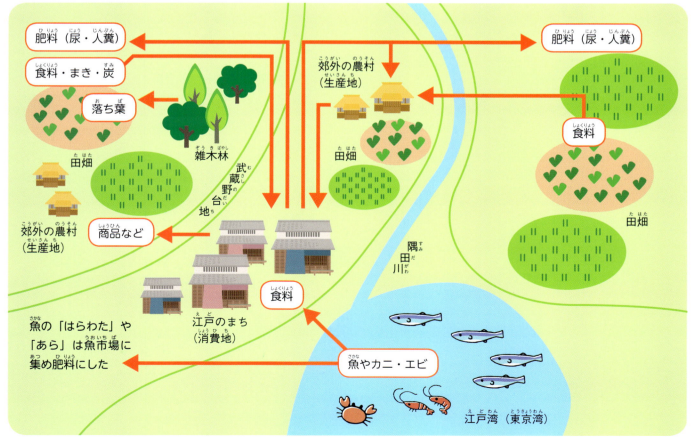

出典：『平成20年版 環境・循環型社会白書』（環境省）より作成

○リサイクル業者の種類は現代以上

江戸のまちではさまざまなものが、現代の日本にもましてリサイクルされていました。不要になったものを回収し、リサイクルする専門の業者もいろいろ活躍していました。下はその例です。

そのほか、ろうそくを燃やしたあとにのこるろうを買いあつめ、それを新しいろうそくに再生したり、建材や廃材の木っ端を集めて燃料として売ったり、木っ端をうすくけずって硫黄をぬり、発火燃料材（マッチ棒のようなもの）として売ったりする人もいました。

●江戸時代のリサイクル業者

紙くずひろい
古紙を買い入れるお金を持っていないので、まちを歩きまわっては落ちている紙をひろい、古紙問屋へ持っていき、日銭をかせいでいた。

出典：『有朋堂文庫〔第55〕』国立国会図書館蔵

ほうき買い
古くなったほうきを買ってタワシなどに再生。

出典：『守貞謾稿』国立国会図書館蔵

灰買い
まきなどを燃やして出た灰を買いあつめ、肥料として農村に売っていた。

出典：『守貞謾稿』国立国会図書館蔵

古着屋
江戸のまちには、古着を商う店が多くあった。
※古着の再使用なので、リユースともいえる。

『江戸職人歌合』国立国会図書館蔵

肥くみ
農家が、江戸の契約した地域や家に定期的にくみとりにいき、お金を払うか、農作物と交換するかたちで買いとり、肥料（下肥）とした。

出典：『世渡風俗圖會』国立国会図書館蔵

○江戸時代にさかんだった4つめの「R」

現在、環境省が普及につとめている「3R」に「リペア（Repair）」がくわわり、「4R」とされることがあります。ところが、その4つめの「R」は、江戸時代にすでにさかんにおこなわれていたことなのです。

○直せるものはできるだけ修理してつかう

英語の「リペア（Repair）」の意味は、「修理する」です。江戸時代の人びとは、現代の日本人のようにものがこわれたからといってすぐにすてませんでした。江戸のまちには、つぎのようなさまざまなものを専門に修理する職人がいました。

下駄直し
下駄の修理をする。

出典：『四時交加』国立国会図書館蔵

錠前直し
こわれた錠前（カギ）を修理する。

出典：『守貞謾稿』国立国会図書館蔵

提灯の張りかえ
提灯の古い紙を取りのぞき、新しい紙を張って修理する。

出典：『守貞謾稿』国立国会図書館蔵

●江戸時代におけるそのほかの修理専門の職人

傘直し
古傘の油紙をはがして洗い、糸をつくろって紙を張って修理する。

研ぎ屋
切れ味の悪くなった刃物を研ぐ。

臼の目立て
すりへった石臼の目（盤に刻まれたみぞ）を立てなおす。

算盤直し
そろばんを修理する。

○焼継ぎ・金継ぎ

江戸時代、かけたり、われたりした陶器を、接着剤として白玉粉とよばれる鉛ガラスの粉末（高級な陶器には漆がつかわれた）をつかってかたちを整え、ふたたび焼いて再生していました。これを「焼継ぎ」といいます。

「金継ぎ」は、漆で接着して継いだ部分を「金」で装飾しながら修復する、日本の伝統的な器の修復方法のことです。こうなると、ただの修理ではなく、芸術品としてしあがります。すぐれた作品は、新品の陶器を売る業者がこまるほどの人気があったといいます。その技術は、現在にも引きつがれています。

焼継ぎ
かけたり、われたりした陶器を修理する。

出典：『守貞謾稿』国立国会図書館蔵

東京都新宿区で出土した江戸時代の瀬戸物の小鉢。矢印の部分に焼継ぎされたあとが見える。
写真：新宿区

われてしまった食器。

現代の金継ぎ職人によって修復された食器。われたりかけたりした食器も、美しくよみがえる。
写真：京都 金継ぎ 白金堂

○鋳掛屋

「鋳掛屋」とは、鋳物製品の修理・修繕をする職人のこと。「鋳物製品」とは、どこの家にもある鍋や釜のことです。江戸時代の鋳掛屋の技術はすぐれていて、どんな穴があいても修理することができたほどだったといわれています。

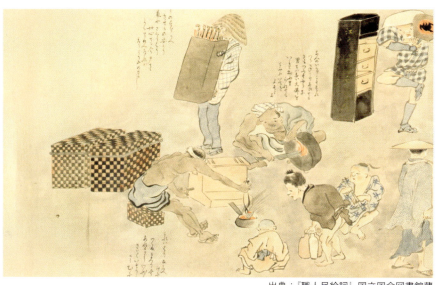

こわれた鍋や釜を修理する鋳掛屋。穴やわれ目にとかしたスズや銅を流しこみ、修理する。

出典：『職人尽絵詞』国立国会図書館蔵

エコバッグを持参し、レジ袋をことわることも、身近にできる「リフューズ（Refuse）」の1つ。

2 日本にとっての5つめの「R」

環境省が提唱した「3R」+「リペア（Repair）」の「4R」に、もう1つくわえられたのが、「リフューズ（Refuse）」です。

ゴミになるものを拒否する

「リフューズ（Refuse）」は、日本では5つめの「R」とされますが、ヨーロッパやアメリカでは、日本の「3R」にくわえる4つめの「R」とされています（→2巻）。
温室効果ガスの排出規制が国際的に取り決められたにもかかわらず、なかなか規制の効果が見られないことから、「不要なものはもらわない・ことわる」ことを意味する「リフューズ（Refuse）」が注目されるようになったのです。そして現在では、日本と同じように「リペア（Repair）」もくわえて「5R」とする国が多くなってきました。

4R
- Reduce
- Reuse
- Recycle
- Repair

Refuse

PART2 日本が世界にほこるゴミ処理文化とは？

なにを拒否するのか

「リフューズ（Refuse）」は「拒否する」という意味の英語ですが、ゴミを減らすため、なにをどのように拒否すればよいのでしょうか。21ページでは、「ゴミになるものを受けとらずことわる」と記しましたが、「ゴミになるもの」とはなんでしょう。

2巻でも見たとおり、日本では、食品のプラスチックトレイなどの過剰な包装容器により、国民ひとりあたりのゴミの排出量が非常に多くなっています。そのため、ゴミの焼却炉の数も世界一です。

こうした不要な包装容器や包装紙を拒否することが、身近にできる日本人の「リフューズ（Refuse）」だといえます。スーパーマーケットにはエコバッグ*を持っていき、レジ袋をもらわないことも、もちろん「リフューズ（Refuse）」となります。

*買いものする人自身が持参する買いもののバッグのこと。「マイバッグ」ともよばれる。

フランスの肉屋（上）と日本のスーパーマーケットで売られている肉（右）。日本とくらべヨーロッパの肉屋では、必要な分量だけを紙でつつみ、不要なプラスチックトレイはつかわない場合も多い。

わりばしや紙袋、レジ袋など、リフューズ（Refuse）できるものは身近にたくさんある。

デンマークのスーパーマーケットで買いものをする人たち。海外でもエコバッグを持参する人が増えている。

大都会のど真ん中にそびえる豊島清掃工場の煙突。

③ 世界にほこれる日本のゴミ焼却技術

ヨーロッパやアメリカでは、長いあいだ「ゴミはうめ立てるもの」と考えていたといいます。人口密度の高い都市で、ゴミ焼却をおこなっている日本の技術は、海外からおどろきの目で見られています。

都会のど真ん中でゴミを焼却

アメリカでは、ゴミの大半がうめ立て処理されるのに対し、日本ではゴミの約4分の3が焼却処理されます。日本は、ゴミの焼却炉の数が世界一で、2位のアメリカを大きく引きはなしています。しかも、焼却炉は都会のど真ん中にあったり、住宅地にあることもめずらしくありません。

豊島清掃工場（東京都豊島区）は、人口約1200万人の東京で24時間稼動しています。

一方、ゴミを燃やすことで出るCO_2（二酸化炭素）が問題になっています（→2巻P38）。それでも日本のゴミ焼却技術はどんどん進歩し、CO_2問題も大きく改善してきたといいます。いまや日本のゴミ焼却技術は、世界一！

悪臭の問題

　1日数百台もの収集車がゴミを持ちこむ焼却施設は、悪臭が心配されるのはいうまでもありません。ところが、日本全国の焼却施設は、悪臭問題が起こらないように徹底的に管理されているといいます。施設内はこまめに清掃され、悪臭を放つものはすべて焼却炉に送られるようになっています。たいていの工場内は気圧をやや低くたもつようになっているので、新鮮な空気が取りこまれ、反対に悪臭が外にもれないように設計されています。

　豊島清掃工場では、焼却前のゴミをためておく巨大なゴミバンカに接触する空気は、常にすいあげられ、焼却炉に送りこまれるしくみになっていて、焼却炉は悪臭が消える850℃で稼動しているといいます。しかも、煙突は、日本一高い210m。CO_2と水蒸気、そして微量の有害物質が、近隣の高層ビルにかからないようになっています。

　日本の都会の焼却施設はたいてい、見た目もよくデザインされています。実際、その多くが建造物として価値のあるもので、なかには市民の人気を集めている施設もあります。

大阪市にあるゴミ焼却施設「舞洲工場」。世界的なアーティストによる建築で、国内外からたくさんの見学者が訪れる名所になっている。

美術館のようなゴミ焼却施設「広島市環境局中工場」。美術館設計の第一人者が設計を手がけた。ガラスごしにゴミ焼却装置を見ることができる。

写真：北嶋俊治

4 日本人が真に世界にほこれること

ゴミ焼却炉の数が世界一、その技術も世界一！ でも、日本が世界にほこるのは、それだけではありません。日本が**真**にほこれるものは、日本人のもつ**「崇物」**という考え方です。

「崇物」とは

「崇物」とは、一言でいうと、万物（ほかの人や自然をふくむあらゆるもの）をたいせつにする心のこと。これは、2003年に岡田武彦（1908年～2004年）という、当時九州大学名誉教授だった儒学者が著した『崇物論』による考え方のことです。その本によれば、日本人は「崇物」の概念を脈々と受けついできたといいます。

「崇物」という考え方は現代でも、子どもの世界にも日常的に見られています。スポーツをやっている子どもたちは、たとえば野球少年なら、毎日グローブやバットをみがき、バスケットボールの選手はボールをていねいにみがいています。

最近の日本人はものを粗末にあつかうようになってきたといわれていますが、それでも、日本人は外国の人よりも、ものをたいせつにする傾向があるのは、まちがいありません。

スポーツの道具をたいせつにすることも「崇物」の1つ。

アメリカの車は？

よくいわれることですが、アメリカの車はきたない！ なかには、サビだらけで車体がでこぼこの信じられないほどポンコツの車が走っています。これは、ものをたいせつにして、長く乗っているようにも見えますが、そうではありません。車をたいせつにする習慣がないのです。その証拠に、アメリカのほとんどの車は、窓ガラスがきたない、車内もきたない！

それにくらべて日本では、すぐによごれるはずのタイヤでさえピカピカにみがいたり、徹底的に手入れをする人が少なくありません。

世界的に見れば、やはり日本人には崇物の心があるといってもよいでしょう。

土などでひどくよごれたアメリカの車。

山形県鶴岡市・羽黒山の「爺スギ」。樹齢1000年以上といわれ、神聖な存在としてまつられている。

ことばにもあらわれる日本人の心

日本語では、ものの名前の前に「お」や「ご」をつける習慣があります。「お米」「お茶」「ご飯」「ご馳走」など食べものはいうまでもなく、「お寺」「お金」「ご本」などということもあります。これらは、日本人がものに対して敬意（リスペクト Respect→P34）をあらわす習慣があるからだと考えられます。

「ごちそうさま」の「馳走」とは、お客さんをもてなすために走りまわるという意味から、もてなすための料理のことをさすようにもなりました。現在は、ことばづかいをていねいにするために、「ちそう」の頭に「ご」をつけて「ごちそう」というのがふつうです。うしろについている「さま」も、相手の人にていねいな気持ちをあらわすときにつける敬語です。このほか、「おつかれさま」「おかげさま」「おせわさま」「おきのどくさま」などもこの例です。

このように、日本人の日常的なことばづかいにも崇物の心があらわれているのです。

崇物と環境問題

「崇物」という考え方は、日本人の「自然崇拝」からきたものでもあるとされています。「自然崇拝」は、つぎのように定義されています（『大辞林』）。

> ● 特定の自然現象および自然物の背後に超越的な人格存在を感じ取り、それを崇拝すること。
> ● 崇拝対象には、天体現象（太陽・月・星・雨・風・雷など）、地上現象（大地・火・水・川・山岳・岩石など）、動植物などがある。

崇物にしろ自然崇拝にしろ、万物をたいせつにするということにほかなりません。

くりかえしますが、日本は世界に向かって「3R」を提唱し（→P20）、ゴミの削減をうったえてきましたが、その背景には、崇物の心があったといえるでしょう。

「もったいない」ということば

もっとくわしく！

日本語の「もったいない」は、ゴミを減らす「R」をあらわすことばとして、近年、世界に知られるようになりました。

○「もったいない」とは？

『広辞苑』という辞書には、「もったいない」の意味は、つぎのように書いてあります。

①神仏・貴人などに対して不都合である。不届きである。
②過分のことで畏れ多い。かたじけない。ありがたい。
③そのものの値打ちが生かされず無駄になるのが惜しい。

近年、上に示す「もったいない」の意味のうち、③が「リデュース（Reduce）」「リユース（Reuse）」「リサイクル（Recycle）」「リペア（Repair）」の「4R」にあたるとして、海外でも知られています。

もっと知りたい！ 勿体

「もったいない」の「もったい」は漢字で書くと「勿体」。これは、もののあるべきすがたという意味の漢語「物体」にもとづいた和製漢語（日本でつくられた「漢字の熟語」）だ。「物体」が「重々しいようすや態度」という意味に変化して、漢字も「勿体」となった。それに「ない」がついて、「あるべきすがたを外れていて不都合である」という意味になり、それが転じて、「物事の価値が十分に生かされていなくて惜しい」といった意味になった。「勿体」は、「勿体をつける」「勿体ぶる」のようにもつかわれる。

『広辞苑第六版』（岩波書店）

◯「もったいない」発言

「もったいない」が世界で知られるきっかけとなったのは、アフリカ・ケニアの環境保護活動家ワンガリ・マータイさんが2005年3月に国連でおこなった演説でした。そのときマータイさんは、日本語の「もったいない」ということばを紹介し、会議の参加者全員に「もったいない（MOTTAINAI）」をとなえるようもとめたのです。これが、世界が「もったいない」を知った瞬間でした。

マータイさんはその前年に、「持続可能な発展・民主主義・平和へ多大な貢献をした」という理由で、ノーベル平和賞を受賞しています。2005年2月に日本に来て、「もったいない」ということばを知って感動。環境保護の合言葉として世界に広めることを決意したといいます。その決意のあらわれが、3月の国連での演説だったのです。

写真：AP／アフロ

2004年のノーベル平和賞授賞式でのワンガリ・マータイさん。

◯MOTTAINAIキャンペーン

2005年3月、ワンガリ・マータイさんが提唱した「MOTTAINAI」を世界に広めるために「MOTTAINAIキャンペーン」がスタート。日本国内でゴミひろいイベントやフリーマーケットを開催するほか、マータイさんの故郷・ケニアでの植林活動などもおこなっています。

不要になったボタンやハギレ、糸などでつくった作品を販売する「MOTTAINAIてづくり市」。

MOTTAINAIキャンペーンに賛同する企業の社員がおこなった「企業対抗！MOTTAINAI富士山ゴミ拾い大会」のときの写真。多くの企業がMOTTAINAIキャンペーンに賛同している。

写真：MOTTAINAIキャンペーン

⑤「心のR」とは

このシリーズの2巻では、「5R」にさらに1つ「心のR」をくわえて、「6つのR」という考えを提唱すると記しました。しかし、その「R」は、20〜21ページで見た**たくさんの「R」**の1つではありません。

「5R＋1R」

この本では、「3R」から「4R」「5R」、そのほかの「R」（→P21）についてくりかえし説明してきました。ここであらためて、この本でいちばんいいたい「R」について記します。

その「R」とは、2巻でもふれましたが、「リスペクト（Respect）」の頭文字の「R」です。

これは、ほかのどの「R」とも性質がことなるもの。そのため、6つ目の「R」とはしません。プラス1の「R」なのです。「5R」をささえる「心のR」であり、すべての「R」の中心となる「R」です。この「R」は、30〜31ページでもふれたとおり、日本人がものに対して敬意（リスペクト）をあらわす習慣のことでもあり、崇物の心でもあるのです。

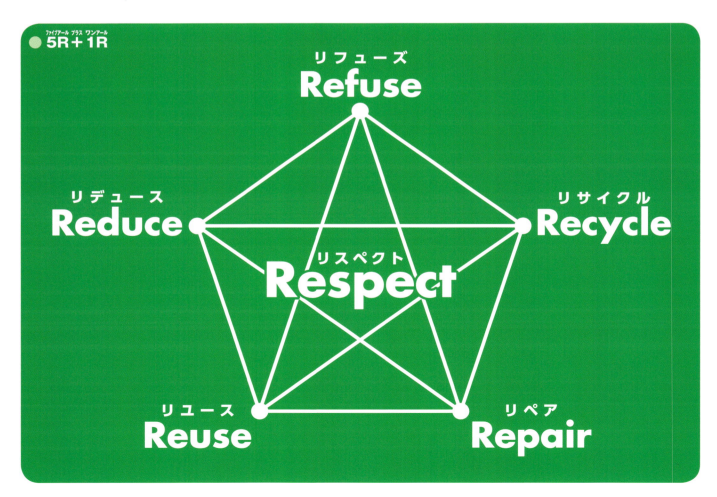

PART2 日本が世界にほこるゴミ処理文化とは？

日本人の供養の心

崇物を語るとき、万物をたいせつにする日本人独特の行事が思いうかびます。それは、「筆供養」「針供養」「人形供養」などです。

「筆供養」とは、役目を終えた筆に感謝し、筆づくりのために毛を提供した動物たちの供養だといわれています。「針供養」「人形供養」なども、同じような考え方によるものです。

世界にほこる「R」

「○○供養」なども、崇物の心だといえますが、日本人はこうした心を持つことを世界に向けてほこってもよいのではないでしょうか。

かねてから「3R」を提唱してきた日本としては、そして「もったいない」というすばらしい日本語を持つ日本人としては、「リスペクト（Respect）」の「R」について、世界にほこっていきたいものです。

写真：伊曽乃神社
神社でおこなわれる筆供養のようす。参拝者が持ちよった愛用の筆を焚きあげて供養する。

つかい古した針にねぎらいと感謝をこめておこなわれる針供養。針をやわらかい豆腐やこんにゃくにさすことで、針の労をねぎらう。

人形供養のようす。たいせつにしてきた人形に感謝の気持ちをこめて供養する。

写真：正暦寺

多くの人たちでにぎわうフリーマーケット。

⑥ リサイクルショップ・フリーマーケットと物々交換

ものをたいせつにして、ゴミを出さないという考えから、リサイクルショップを積極的に利用したり、フリーマーケットに参加したりする人がいます。最近は、「物々交換」というシステムも注目されています。

リサイクルショップ

「リサイクルショップ」とは、未使用品や一度は個人や企業、店舗などでつかわれていたけれど不用になった家具や電化製品、衣類などを購入して、もう一度つかえるように清掃、整備しなおして販売する店やインターネット上のショップのことをさします。

Recycle（再利用）＋ shop（店）でリサイクルショップですが、これは和製英語（日本でつくられた英語）で、英語では second-hand store または second-hand shop です。

一方、「フリーマーケット」は、個人が自分のつかっていたものを持ちよって開催する市場のことです。英語の Flea Market（のみの市）からきたことばです。

「リサイクルショップ」も「フリーマーケット」も、中古品の販売ですから、本来は「リユース」というべきものです。

物々交換というシステム

フリーマーケットの1つのかたちとして、物々交換会が開催されています。物々交換会の大きな特徴は、お金で売買するのではないという点です。

物々交換会の例として、赤ちゃんをかかえる母親たちが、授乳用品や赤ちゃん衣類などを物々交換するイベントがあります。また、「xChange」という物々交換会もあります。これは、いらなくなった服を持ちより、別のだれかが持ってきた服のなかで、気に入ったものがあれば持ちかえるというシステムの物々交換会です。「xChange」の物々交換会は、2007年に第1回が開催されて以来、2012年度までに全国各地で140回以上開催されたといいます。

「人の想い」も交換する

「xChange」では、ハンガーラックなどでお店のようにレイアウトされた会場に、持参した服を自分でディスプレイします。そして、すでにディスプレイしてあるほかの参加者が持ちよった服のなかから、自由に選んで持ちかえることができます。

参加者は、持参した服1着1着に「エピソードタグ」とよばれるタグをつけます。エピソードタグには、服との思い出、つぎに着てくれる人へのメッセージなど、さまざまなコメントを書きこみます。買いものをするときに値札を見るように、ほかの参加者が書いたエピソードタグを読みながら服を選ぶのも、楽しみの1つとなっています。自分の持ってきた服がどんな人の手へわたったのか、そんなことを思いえがくだけでワクワクするといいます。

着なくなった服を持ってきて、別の服を持ってかえるというだけのことですが、そこでは見知らぬだれかと「想い」の交換がおこなわれているというわけです。

参加者が持ちよった服につけられた「エピソードタグ」。

大阪で開催された「地球にやさしい生活」をテーマにしたイベントに参加した「xChange」。

7 きみたちにできること

この本独自の考え方である「5R＋1R」を、みなさんに実践していってもらうために、最後に「具体的にやってほしいこと」をまとめておきます。

具体的にやってほしいこと

ここにまとめたことは、あまりにもあたりまえのことばかりです。しかも、ずっと前からいわれていることで、目新しい提案はありません。それでも、「Think Globally, Act Locally」（→P18）の後半部分「身近なところで行動する」を実践するには、そのいい古されたことを、すべての人が地道に実践していくしかないのです。

しかも、このあたりまえのことを、わたしたちはすぐにわすれてしまうのです。そして、平気でゴミを増やしてしまうことに……。いけないことだとよくわかっていても、ついついゴミを増やしてしまうのです。

リデュース　Reduce（減らす）

- □ ものを最後までたいせつにつかう。
- □ ゴミになりにくい商品を買う。
- □ 不要なものは買わないようにする。不要なものを買わなければ、ゴミが増えることもない。
- □ 食べものをのこさないようにする。食べのこしは、すてれば生ゴミとなる。生ゴミを燃やすには大きなエネルギーが必要。CO_2も排出される。
- □ そもそも必要以上の食べものをつくらないようにする。
- □ つかいすてのものや、プラスチックトレイにのった食品などをさける。紙コップ、紙皿などはつかわないようにする。
- □ 「マイグッズ」をつかう。「マイグッズ」とは、自分だけのもの。最近、マイはしやマイボトルなどのマイグッズをつかう人が増えてきた。
- □ 乾電池は、充電できるものにする。

持ちあるきに便利なはし袋つきのマイはし。外食のときにもわりばしをつかわずにすむ。

PART2 日本が世界にほこるゴミ処理文化とは？

リユース　Reuse
（再使用する）

- ☐ フリーマーケットやリサイクルショップ、バザーなどを利用する。中古品をつかえば、だれかが不要としたもの、ゴミになりそうだったものが、ゴミにならずにすむ。
- ☐ つめかえ商品を利用する。
- ☐ 包装紙をとっておいて、再使用する。
- ☐ いらなくなったものはほしい人にゆずり、つかってもらう。
- ☐ ジュースなどはビン入りのものを買う。空きビンを返却して再使用すれば、ゴミを出さずにすむ。

ハンドソープなどの容器は、つめかえ商品を利用すれば、すてずにくりかえしつかえる。

リペア　Repair
（修理する）

- ☐ こわれても直せるものは修理してつかう。
- ☐ 長く着られる工夫をする。
- ☐ 「こわれたら修理する」もたいせつだが、こわさないようにするのがいちばん。こわさないようにメンテナンスをしっかりおこなう。

メンテナンスや修理をしっかりすれば、自転車も長くつかえる。

リサイクル　Recycle
（再利用する）

- ☐ スーパーマーケットなどの回収ボックスを利用する。買いもののついでに回収ボックスを利用すると便利。
- ☐ 再生紙など、再生品を利用する。
- ☐ ビン・缶は、リサイクルに出す。
- ※ ペットボトルのリサイクルには大きなエネルギーが必要。リサイクルするより新しくつくったほうがエネルギー消費は少ないといわれている。そのため、ペットボトルをリサイクルしてもう一度ペットボトルにするのではなく、衣料品など別のものにつくりかえることになる。

スーパーマーケットの回収ボックス。

リフューズ　Refuse
（拒否する）

- ☐ スーパーマーケットなどのレジ袋はもらわない。レジ袋が有料化されて以来、多くの人がエコバッグを持ちあるくようになった。レジ袋は石油からつくられるため、かぎりある石油資源をむだにすることにもつながる。すてて燃やせば、CO_2も排出される。
- ☐ コンビニなどでわりばしをもらわない。わりばしはつかいすてだからゴミが増える。
- ☐ 野菜の包装はことわる。野菜などはそのままエコバッグに入れて持ちかえっても問題ない。
- ☐ 紙袋や本のカバーなど、過剰な包装はことわる。

39

もっとくわしく！ 世界のエコラベル

エコラベルは環境ラベルともいい、「生産」から「廃棄」までの過程で、環境への負担が少ないと認められた商品であることを示しています*。「3R」の1つ「リサイクル」が可能な商品や、資源の再利用による商品などにつけられます。世界には、さまざまなエコラベルがあります。

日本　「環境（environment）」および「地球（earth）」の頭文字「e」をあらわした人間の手が、地球をやさしくつつみこんでいるデザイン。

韓国　韓国のエコラベルは「KOREA ECO-LABEL」といい、人間の手と葉っぱがデザインされている。

中国　中国語で「環境ラベル」を意味する「环境标志」と記されている。10個の輪が並ぶデザイン。

タイ　葉っぱと鳥は地球上の動植物を象徴している。未来の世代の希望は、自然をたいせつにすることで生まれるということをあらわしたデザイン。

シンガポール　中央に葉っぱがデザインされた「グリーンラベル（GreenLabel）」とよばれるラベル。

オーストラリア　「環境チョイス（ENVIRONMENTAL CHOICE）」とよばれるラベル。オーストラリア大陸とオーストラリア原産のユーカリの葉っぱがデザインされている。

フィリピン　「グリーンチョイス（green choice）」とよばれるラベル。地球、しずく、葉っぱがデザインされている。

ブラジル　「ABNT-環境品質ラベル（QUALIDADE-ABNT-AMBIENTAL）」とよばれるラベル。

スウェーデン　「グッド環境チョイス（Bra Miljöval）」とよばれるラベル。鳥のシルエットがデザインされている。

ロシア　「生命力にあふれる葉っぱ」といった意味の「バイタルリーフ（VITALITY LEAF）」とよばれるラベル。

ドイツ　中央に天使がデザインされた「ブルーエンジェル（DER BLAUE ENGEL）」（青い天使）とよばれるラベル。世界ではじめて導入されたエコラベル。

EU（ヨーロッパ連合）　EUのシンボルである環状に並ぶ12個の星がデザインされている。全体が花のかたちであるため「EUフラワーエコラベル」ともよばれる。

*ラベルにより認定の基準はことなる。

ここからは、PART1、PART2の内容をより深く理解するのに役立つ資料を紹介します。

阪神・淡路大震災と東日本大震災で発生した災害廃棄物

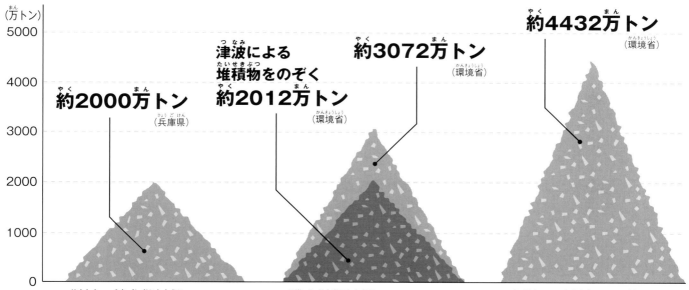

■ 阪神・淡路大震災
阪神・淡路大震災で発生した災害廃棄物は、兵庫県内分で約2000万トン。これは、当時兵庫県で排出される一般廃棄物の約8年分に相当。

■ 東日本大震災
東日本大震災で発生した災害廃棄物は約3072万トン。そのうち津波による堆積物をのぞくと約2012万トンで、阪神・淡路大震災とほぼ同じ量。

■ 日本の1年間の一般廃棄物排出量（2014年度）
阪神・淡路大震災、東日本大震災では、日本の1年間の一般廃棄物量の約半分が発生したことになる。

出典：兵庫県「阪神・淡路大震災における災害廃棄物処理について（1997年3月）」、環境省　災害廃棄物対策情報サイト　災害廃棄物及び津波堆積物の処理状況（13道県、2015年3月末）、環境省「一般廃棄物処理実態調査（2014年度）」

使用ずみ核燃料の貯蔵状況

発電所名		使用ずみ核燃料貯蔵量 (t)	管理容量 (t)	管理余裕 (t)	管理容量を超過するまでの期間 (年)
北海道	泊	400	1020	620	16.5
東北	女川	420	790	370	8.2
	東通	100	440	340	15.1
東京	福島第一	1960	2270	-	-
	福島第二	1120	1360	-	-
	柏崎刈羽	2370	2910	540	3.1
中部	浜岡	1140	1740	600	8.0
北陸	志賀	150	690	540	14.4
関西	美浜	390	670	280	7.5
	高浜	1160	1730	570	7.6
	大飯	1420	2020	600	7.3
中国	島根	390	600	210	7.0
四国	伊方	610	940	330	8.8
九州	玄海	870	1070	200	3.0
	川内	890	1290	400	10.7
原電	敦賀	580	860	280	9.3
	東海第二	370	440	70	3.1
合計		14330	20810	5950	-

注1　中部電力の浜岡の管理容量は、運転を終了した1、2号機の管理容量をふくめた値としている。
注2　四捨五入の関係で、合計値は各項目を加算した数値と一致しない場合がある。
注3　管理容量を超過するまでの期間は、仮に再処理工場への搬出がなく発電所の全機が一斉稼働し、燃料取りかえを16か月ごとにおこなうと仮定した場合の試算。
注4　六ヶ所再処理工場の使用ずみ燃料貯蔵量：2951トン（最大貯蔵能力：3000トン）

出典：資源エネルギー庁資料（2014年3月末時点）単位：ウラン換算（トン）

地球の周回軌道上の人工物体数推移

※ 使用ずみあるいは故障した人工衛星、打ちあげロケットの上段、ミッション遂行中に放出した部品、爆発・衝突し発生したものなど。

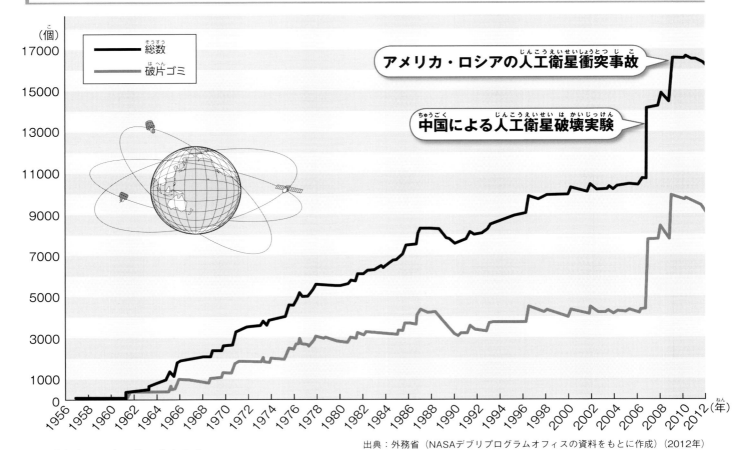

出典：外務省（NASAデブリプログラムオフィスの資料をもとに作成）（2012年）

国連の推計人口

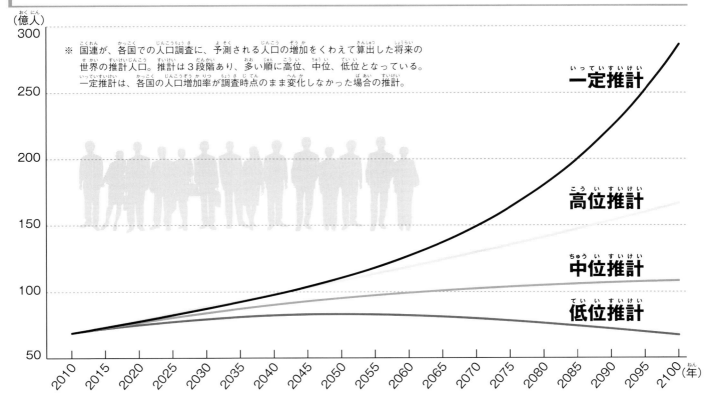

資料：World Population Prospects: The 2012 Revision

紙とボール紙のリサイクル率の高い国ベスト15

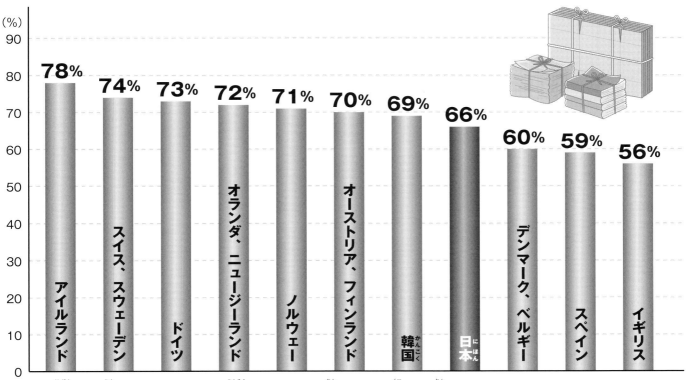

- アイルランド: 78%
- スイス、スウェーデン: 74%
- ドイツ: 73%
- オランダ、ニュージーランド: 72%
- ノルウェー: 71%
- オーストリア、フィンランド: 70%
- 韓国: 69%
- 日本: 66%
- デンマーク、ベルギー: 60%
- スペイン: 59%
- イギリス: 56%

※日本は2003年、スウェーデン・ドイツ・韓国・イギリスは2004年、そのほかの国は2005年のデータ。　出典：総務省統計局「世界の統計」（2015年）

日本の自治体別リデュースの取り組みベスト3

		ひとり1日あたりのゴミ排出量が少ない自治体		ひとり1日あたりのゴミ排出量（g）全国平均：947g
人口10万人未満の自治体	1位	奈良県	野迫川村	137.8
	2位	徳島県	神山町	261.9
	3位	長野県	川上村	319.4
人口10万人以上50万人未満の自治体	1位	東京都	小金井市	625.8
	2位	静岡県	掛川市	651.1
	3位	東京都	日野市	681.5
人口50万人以上の自治体	1位	愛媛県	松山市	813.0
	2位	東京都	八王子市	835.1
	3位	広島県	広島市	856.1

出典：環境省「一般廃棄物処理実態調査」（2014年度）

用語解説

あ行

アメリカ航空宇宙局（NASA）……17
アメリカの宇宙開発を担当する組織。1958年に設立された。1969年に人類初の月面着陸をなしとげるなど、世界最先端の宇宙開発を数多くおこなっている。

宇宙空間平和利用委員会（COPUOS）……15
宇宙開発のための国際協力などについて、国連に勧告・提案をおこなう委員会。1959年設置。

宇宙条約……15
「月その他の天体を含む宇宙空間の探査及び利用における国家活動を律する原則に関する条約」の通称。宇宙空間の平和的な利用、探査と利用の自由、領有の禁止など、宇宙利用に関する基本原則を定める。

温室効果ガス……26
太陽光にあたためられた地表が放出する熱を、地球にふうじこめ、まるで温室のように大気をあたためる効果があるガス。CO_2やメタンガスなどが代表的。工場や自動車の排出ガスなどに多くふくまれる。

か行

核分裂反応……10
原子の中心にある原子核が2つか3つに分裂する反応。この際、大きな熱を生む。核分裂反応は、原子核に中性子という粒子をぶつけることで起きる。原子力発電では、ウラン235という物質の原子核に中性子をぶつけ、核分裂反応を起こす。

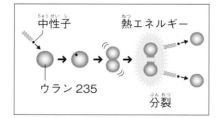

さ行

周回軌道……14、42
惑星や衛星などの天体を中心として、その周囲をまわる天体や人工衛星などの物体の軌道。

循環資源……21
廃棄される使用ずみの資材のなかで、資源として再利用できる物質のこと。金属くず、古新聞、古雑誌、ガラスなど。

除染……11
土地や施設、衣服などが放射性物質や有害化学物質などによって汚染された際に、それらの物質を取りのぞくこと。

人工衛星……14、42
地球など惑星のまわりをまわる人工の物体。軍事目的のほか、放送、通信、気象観測、天体観測などの分野で利用される。

新興国……19
投資や貿易がさかんになり、急速に経済成長を続けている国。近年、ブラジル、ロシア、インド、中国の経済成長が著しく、これらは「BRICs」（ブラジル：Brazil、ロシア：Russia、インド：India、中国：China）という新興国グループとしてまとめられている。BRICsの4か国に、南アフリカ共和国（South Africa）をくわえ、複数であることを示す小文字のsではなく、大文字のSにして「BRICS」ということもある。

制御棒……10
中性子を吸収する棒。核燃料（ウラン235）のあいだに制御棒を入れて中性子を吸収することで、核分裂反応を弱めたり止めたりすることができる。

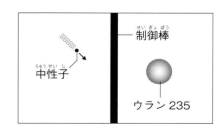

ソ連……13、15
ソビエト社会主義共和国連邦の略。1917年に、世界初

の社会主義国として建国された。第二次世界大戦後、資本主義国のアメリカなどと対立し、軍事や宇宙開発競争をおこなった。しかし、経済の混乱により1991年に崩壊。現在は、ロシアがそのあとを引きついでいる。

た行

天然資源……………14、21
自然のなかに存在し、人間の生活や生産活動に利用される物質・エネルギー。土地、水、鉱物、森林、水産生物など。

は行

廃棄物処理法…………… 9
「廃棄物の処理及び清掃に関する法律」の通称。廃棄物の排出をおさえ、発生した廃棄物はリサイクルするなどの適正な処理をすることで、生活環境が安全に守られることを目的とした法律。1970年成立。廃棄物処理法では、「廃棄物」は「産業廃棄物」と「一般廃棄物」に分類されている。産業廃棄物は、ビルの建設工事や工場での製品の生産など、事業活動によって発生する廃棄物。一般廃棄物は、産業廃棄物以外の廃棄物で、家庭から出る廃棄物もふくまれる。産業廃棄物は事業者、一般廃棄物は市町村に処理責任があると定められている。

廃炉………………………11
不要となった原子炉を停止して核燃料を取りだし、解体もしくは放棄すること。

バザー……………………39
慈善事業や社会事業などの資金を得るために、品物を持ちよって売るもよおし。

阪神・淡路大震災………41
1995年1月17日午前5時46分、淡路島北部を震源にして発生したマグニチュード7.3の地震が引きおこした大震災。淡路島、神戸市、西宮市、芦屋市などが震度7の激しいゆれにおそわれた。死者6434人、負傷者は4万人以上。

東日本大震災………8、9、41
2011年3月11日に発生したマグニチュード9.0の地震により、東日本の各地に甚大な被害が出た災害。死者1万9418人（2016年3月時点）。沿岸部では、地震により発生した巨大な津波により、被害が拡大した。福島第一原子力発電所で放射性物質がもれる事故が起きた。

福島第一原子力発電所（福島第一原発）………10、11
福島県の海岸部、大熊町・双葉町にまたがって立地する、東京電力の原子力発電所。1971年に運転開始した1号機をはじめ、6基の原子炉がある。東日本大震災での事故後、2012年4月に1～4号機、2014年1月に5、6号機が廃止され、廃炉に向けた作業がおこなわれている。

放射性物質
…10、11、12、13、16、17
人体に有害な放射線を出す物質。ウランなどの核燃料や、核燃料が原子炉で核分裂することでできる物質などがある。

ら行

炉心…………………12、13
原子炉の、核分裂連鎖反応が起きて、エネルギーを発生する部分。

わ行

ワンガリ・マータイ
………………………………33
アフリカ・ケニア出身の政治家・環境保護活動家（1940～2011年）。1977年、ケニアの貧しい女性たちとともに「グリーンベルト運動」という植林運動を開始。ケニアをはじめとするアフリカ大陸全土で5000万本以上の苗木を植えた。2004年、環境分野としてはじめて、アフリカの女性としてもはじめて、ノーベル平和賞を受賞。

さくいん

あ行

R …19、21、24、26、32、34、35
悪臭 …29
アメリカ …8、12、15、16、18、20、26、28、30、42
アメリカ航空宇宙局（NASA） …17、44
鋳掛屋 …25
イギリス …22
一般廃棄物 …41
浮芥定浚組合 …22
ウクライナ …13
宇宙 …14、15、16
宇宙エレベーター …17
宇宙空間平和利用委員会（COPUOS） …15、44
宇宙ゴミ …14、15
宇宙条約 …15、44
宇宙処分法 …17
宇宙船地球号 …18、19
宇宙投棄 …16、17
HA Schult …2
xChange …37
エコバッグ …27、39
エコラベル …40
江戸 …22、23、24
江戸時代 …22、23、24、25
エネルギー …20、38
岡田武彦 …30
温室効果ガス …26、44

か行

回収ボックス …39
核分裂反応 …10、44
核燃料 …10
核のゴミ …10、11、12、16、17
核兵器 …13
カナダ …8
がれき …8、9、14、16
環境省 …9、11、20、21、24、26
金継ぎ …25
黒い雨 …13
ケニア …33
原子力安全神話 …10
原爆 …13
原発 …10、11、13
原発事故 …10、12
小泉純一郎 …20
国連 …15、33
心のR …34
古紙 …20、23
ゴミバンカ …29

さ行

災害廃棄物 …9、41
再生紙 …20、39
CO_2 …28、29、38、39
自然崇拝 …31
6R …21
周回軌道 …14、42、44
主要国首脳会議（G8サミット）…20
循環型社会 …20、21、22
循環型社会形成推進基本法 …20、21

循環資源 …21、44
焼却処理 …21、28
焼却炉 …21、27、28、29、30
使用ずみ核燃料 …11、41
小便 …22
除染 …11、44
Think globally, Act locally …18、19、38
人工衛星 …14、42、44
新興国 …19、44
水蒸気 …29
水蒸気爆発 …13
水素爆発 …10
スウェーデン …13
崇物 …30、31、34、35
『崇物論』 …30
スペースデブリ …14
3R …20、21、24、26、31、34、35、40
3Rイニシアティブ …20
3R推進キャンペーン …20
スリーマイル島原子力発電所 …12
制御棒 …10、44
静止衛星 …17
石棺 …16
7R …21
先進国 …19
ソ連 …13、15、44

た行

太平洋 …8、15
大便 …22

チェルノブイリ原子力発電所
……………………………… 13
地球外投棄 ……………… 16
中古品 ……………… 36、39
適正処分 ………………… 21
天然資源 ………… 14、21、45
東京電力 ………………… 11
豊島清掃工場 ………… 28、29
Trash People（ゴミ人間）
………………………… 2、18

な行

人形供養 ………………… 35
熱回収 …………………… 21
農作物 ………………… 22、23
ノーベル平和賞 ………… 33
野田佳彦 ………………… 11

は行

廃棄物処理法 …………… 9、45
排出者責任 ……………… 21
廃炉 …………………… 11、45
バザー ………………… 39、45
発泡スチロール ………… 8
針供養 …………………… 35
阪神・淡路大震災 ……… 41、45
東日本大震災 …… 8、9、41、45
肥料 …………………… 22、23
5R ……………… 21、26、34
5R＋1R ……………… 34、38
4R ……… 21、24、26、32、34
福島第一原子力発電所（福島第一原発）
…………………… 10、11、45
福島第一原発事故 ……… 16

物々交換 ……………… 36、37
筆供養 …………………… 35
プラスチックトレイ … 27、38
フランス ………………… 22
フリーマーケット
……………… 33、36、37、39
古着 …………………… 22、23
分別 ……………………… 20
ベラルーシ ……………… 13
放射性廃棄物 …………… 16
放射性物質
… 10、11、12、13、16、17、45
放射線 …………………… 16
包装紙 ………………… 27、39
包装容器 ………………… 27

ま行

マイグッズ ……………… 38
もったいない（MOTTAINAI）
……………… 32、33、35
MOTTAINAIキャンペーン
……………………………… 33
モンゴル ………………… 16

や行

焼継ぎ …………………… 25
ヨーロッパ ……… 20、26、28

ら行

リサイクル（Recycle）
……………… 20、22、23、32、
36、39、40、43
リサイクルショップ … 36、39
リシンク（Rethink）……… 21

リスペクト（Respect）
……………… 31、34、35
リターン（Return）……… 21
リデュース（Reduce）
……………… 20、32、38、43
リフォーム（Reform）…… 21
リフューズ（Refuse）
……………… 21、26、27、39
リペア（Repair）
……………… 21、24、26、32、39
リユース（Reuse）
……………… 20、32、36、39
レジ袋 ………………… 27、39
レンタル（Rental）……… 21
ロケット ………… 14、16、17
ロシア ………………… 13、42
炉心 …………… 12、13、45
炉心溶融 ………………… 10

わ行

ワンガリ・マータイ … 33、45

■ 著／稲葉茂勝

1953年東京都生まれ。大阪外国語大学、東京外国語大学卒業。国際理解教育学会会員。子ども向け書籍のプロデューサーとして多数の作品を発表。自らの著作は、『世界の言葉で「ありがとう」ってどう言うの？』など、国際理解関係を中心に著書・翻訳書の数は80冊以上にのぼる。
なお、2016年9月よりJFC（Journalist for children）と称し、執筆活動を強化しはじめた。

■ 編集・デザイン／こどもくらぶ（石原尚子、関原瞳、矢野瑛子）

「こどもくらぶ」は、あそび・教育・福祉分野で子どもに関する書籍を企画・編集しているエヌ・アンド・エス企画編集室の愛称。図書館用書籍として、毎年100タイトル以上を企画・編集している。主な作品に「さがし絵で発見！ 世界の国ぐに」全18巻、「大きな写真と絵でみる地下のひみつ」全4巻、「現場写真がいっぱい 現場で働く人たち」全4巻（あすなろ書房）など多数。

この本の情報は、特に明記されているもの以外は、2016年9月現在のものです。

■ 企画・制作／
株式会社エヌ・アンド・エス企画

■ 写真・図版協力（敬称略）

アフロ
アマナイメージズ
公益財団法人日本環境協会エコマーク事務局
中村靖治
リデュース・リユース・リサイクル推進協議会
ロハスフェスタ
Good Environmental Choice Australia
HA Schult-Museum
Singapore Environment Council
Thailand Environment Institute
きい、つむぎ、usatyu/ PIXTA
©Benjamin Sibuet、©Carabiner、
©Deanpictures、©Goncharnazar、
©Johannes Gerhardus Swanepoel、
©Rafael Ben-ari、©Rozi81、
©Sergiy Gaydaenko ¦ Dreamstime.com
©akira、©Paylessimages、
©TAGSTOCK2、©taniho、©1xpert、
©55hatako-Fotolia.com

■ 参考資料

The Global Ecolabelling Network

シリーズ「ゴミと人類」過去・現在・未来③

「5R+1R」とは？ ゴミ焼却炉から宇宙ゴミまで

NDC519

2016年10月30日　初版発行　　2020年3月20日　3刷発行

著　者　　稲葉茂勝
発行者　　山浦真一
発行所　　株式会社あすなろ書房　〒162-0041　東京都新宿区早稲田鶴巻町551-4
　　　　　電話　03-3203-3350（代表）
印刷所　　凸版印刷株式会社
製本所　　凸版印刷株式会社

©2016 Shigekatsu Inaba
Printed in Japan

48p／31cm
ISBN978-4-7515-2858-7

拒
さくげん
削減
そん
尊
さいしょう
再使用